A. Murugesan

Investigação experimental e teórica do silenciador com revestimento nanométrico

A. Murugesan

Investigação experimental e teórica do silenciador com revestimento nanométrico

para controlo das emissões em motores diesel de injeção direta

ScienciaScripts

Imprint

Cover image: www.ingimage.com

This book is a translation from the original published under ISBN 978-620-7-46740-2.

Publisher:
Sciencia Scripts
is a trademark of
Dodo Books Indian Ocean Ltd. and OmniScriptum S.R.L publishing group

120 High Road, East Finchley, London, N2 9ED, United Kingdom
Str. Armeneasca 28/1, office 1, Chisinau MD-2012, Republic of Moldova, Europe
Printed at: see last page
ISBN: 978-620-7-76353-5

RESUMO

O motor diesel desempenha um papel importante nos transportes. Uma das principais ameaças para a sociedade e o ambiente é a poluição atmosférica, que causa efeitos nocivos para os seres humanos e para o ambiente. O principal fator que contribui para a poluição do ar são os gases de escape libertados pelos automóveis, como o dióxido de carbono, os hidrocarbonetos não queimados, etc. Os gases nocivos para o ambiente são absorvidos eficazmente pelo silenciador e mantêm o automóvel amigo do ambiente. O silenciador foi utilizado para atenuar o ruído dos gases de escape em vários ambientes. Nos motores de combustão interna, a recirculação dos gases de escape é uma técnica de redução das emissões de óxido de azoto utilizada nos motores diesel.

O principal objetivo é investigar o desenvolvimento de um silenciador nano revestido para reduzir o ruído e as emissões do motor DI CI, uma vez que este desempenha um papel importante nos transportes. O novo silenciador de desenvolvimento desempenha um papel importante na redução das emissões nocivas, bem como do ruído acústico do motor.

O presente trabalho centra-se na conceção e desenvolvimento de um novo silenciador com a ajuda do SOLID WORK para desenvolver um silenciador personalizado e com a ajuda do software ANSYS para a análise do fluxo de pressão. O fabrico foi efectuado com nano-revestimento de compósito híbrido de cobre e crómio (CuCr) num silenciador juntamente com a placa de estrutura em favo de mel. A experiência é realizada num motor diesel monocilíndrico com um sistema de dados de alta velocidade equipado com um dinamómetro de correntes de Foucault. As emissões de escape do motor, como Co, Co2, HC e NOx, são medidas com a ajuda do analisador de di-gás AVL 444. A opacidade dos fumos do motor é medida com a ajuda do medidor de fumos AVL 437. A investigação experimental provou que houve uma redução de até 10% nas emissões de escape e que o nível de ruído foi reduzido em 5 dB, em comparação com os dados de base. O silenciador nano revestido absorve as emissões e a estrutura em favo de mel do silenciador reduz o ruído acústico do motor.

ÍNDICE DE CONTEÚDOS

LISTA DE SÍMBOLOS E ABREVIATURAS

SÍMBOLOS

G	-Aceleração devido à gravidade	m/s^2
A	-Área	m2

SÍMBOLOS GREGOS

P	-Densidade do ar	kg/m^3
η	-Eficiência	%

ABREVIATURAS

CO2	-	Dióxido de carbono
CO	-	Monóxido de carbono
CU	-	Cobre
HC	-	Hidrocarbonetos
NO2	-	Óxidos de azoto
02	-	Oxigénio
SO2	-	Dióxido de enxofre

CAPÍTULO 1 INTRODUÇÃO

POLUIÇÃO DO AR

A poluição atmosférica é uma das maiores ameaças do mundo atualmente e, num país como a Índia, com uma população de quase 130 milhões de habitantes (17% da população mundial), já é difícil respirar na maioria das cidades metropolitanas. A Índia enfrenta sérios problemas de poluição atmosférica desde os últimos 10 anos e esta está a aumentar a um ritmo alarmante. Os investigadores afirmam que, se o nível de poluição continuar a aumentar ao ritmo atual, a esperança de vida diminuirá pelo menos 10 anos em algumas partes do país até 2022. Este é um sinal de alerta para as autoridades governamentais e para a população do país. A Índia lidera o grupo das cidades mais poluídas do mundo, com 13 cidades no top 20 e 33 no top 100 das cidades mais poluídas.

A principal causa deste aumento exponencial dos níveis de poluição são os veículos sedentos de combustível. Os automóveis são a principal fonte de poluição atmosférica nas principais cidades da Índia. Na Índia, estima-se que o sector dos transportes emita 261 toneladas de CO_2, das quais 94,5% provêm dos transportes rodoviários. O sector dos transportes na Índia consome cerca de 17% da energia total e é responsável por uma produção de 60% dos gases com efeito de estufa provenientes de várias actividades. A poluição causada pelos veículos é devida a descargas como CO_2, HC não queimado, NO_2 e SO_2, principalmente a partir de tubos de escape. Estima-se que os veículos nas principais cidades metropolitanas sejam responsáveis por 70% do CO, 50% dos HC, 30-40% dos NOx e 10% do SO2 da carga poluente total dessas cidades, dos quais dois terços são contribuídos apenas pelos veículos de duas rodas.

Os gases de escape dos veículos são constituídos principalmente por estes poluentes:

- Monóxido de carbono (CO)
- Óxido de azoto
- Dióxido de enxofre
- Compostos de chumbo
- Partículas em suspensão
- Hidrocarbonetos não queimados

Na Figura 1.1, podemos ver claramente que as partículas provenientes dos transportes contribuem apenas com 22,5%. Estas enormes quantidades de poluentes podem causar muitos problemas de saúde. Especialmente as partículas, que são classificadas com base no seu tamanho, podem ser perigosas para a saúde humana. Está provado que as PM 2,5 (partículas de 2,5 micrómetros) e as PM 10 (partículas de 10 micrómetros) causam doenças respiratórias e cardiovasculares.

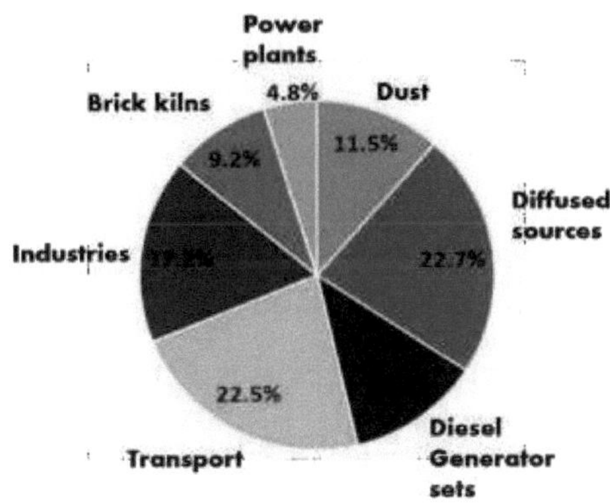

Figura 1.1 Fonte de emissão de poluentes atmosféricos

O efeito da poluição atmosférica envolve uma série de doenças, desde a irritação dos olhos, nariz, boca e garganta, ou a diminuição dos níveis de energia, dores de cabeça e tonturas, até doenças potencialmente mais graves, como:

- Doenças respiratórias e pulmonares, incluindo:
- Ataques de asma
- Doença Pulmonar Obstrutiva Crónica - DPOC
- Redução da função pulmonar
- Cancro pulmonar - causado por uma série de substâncias químicas cancerígenas que entram no corpo através da inalação
- Mesotelioma - um tipo particular de cancro do pulmão, normalmente associado à exposição ao amianto (ocorre normalmente 20-30 anos após a exposição inicial)
- Pneumonia
- Leucemia - um tipo de cancro do sangue normalmente associado à exposição a vapores de benzeno (por inalação)

- ➢ Malformações congénitas e defeitos do sistema imunitário
- ➢ Problemas cardiovasculares, doenças cardíacas e acidentes vasculares cerebrais (um risco acrescido, especialmente devido às partículas)
- ➢ Perturbações neurocomportamentais - problemas neurológicos e défices de desenvolvimento devidos a toxinas atmosféricas como o mercúrio (que é o único metal volátil)
- ➢ Cancro do fígado e outros tipos de cancro - causado pela respiração de químicos voláteis cancerígenos
- ➢ Morte prematura

Para além dos problemas de saúde directos, a poluição atmosférica também conduz a alguns problemas de saúde indirectos. A poluição atmosférica é a principal causa da destruição da camada de ozono. À medida que a camada de ozono se reduz, a radiação radioactiva nociva atinge a Terra e pode causar várias doenças de pele. O efeito da poluição atmosférica é apresentado na Figura 1.2.

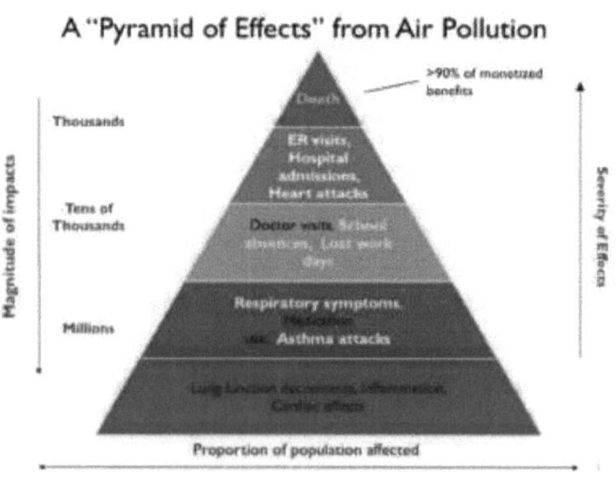

Figura 1.2 Efeitos da poluição atmosférica

SILENCIADOR NANO REVESTIDO

Num motor de combustão interna, um dos componentes mais importantes é o coletor de escape. Este converte a energia química em energia mecânica. O coletor de escape é feito de ferro fundido ou aço inoxidável. Recolhe os gases dos diferentes cilindros e fornece-os ao silenciador de escape. Os gases de escape regulados que são libertados pelo motor são: CO, HC, NOx, CO2 e partículas.

O silenciador nano revestido é utilizado para controlar as emissões do motor diesel. Uma boa qualidade do ar é muito importante para um ser humano, que normalmente respira 10,8 m^3 de ar por dia. Devido a preocupações ambientais e de saúde, foram impostas regulamentações cada vez mais rigorosas sobre os gases de escape dos motores diesel. Os NOx e a fuligem são os poluentes predominantes dos motores a gasóleo. O objetivo do estudo é melhorar o desempenho do motor e reduzir as emissões com a ajuda de um nano silenciador revestido no motor diesel. O projeto do silenciador é realizado no software Solid Works e a análise do fluxo de pressão no ANSYS 13.0. O parâmetro dos gases de escape é medido utilizando o analisador de gás AVL 444 Di e o medidor de fumo AVL 437 Standard.

As emissões dependem do combustível, do tipo de motor, da tecnologia de controlo das emissões, da idade do motor e da manutenção, entre outros factores, como a temperatura ambiente, a humidade relativa, as condições climáticas e muitas tecnologias de controlo são utilizadas para cumprir as normas de emissões regulamentadas. Esta novidade foi avaliada utilizando o silenciador nano-revestido de cobre (cu), que tem uma elevada condutividade térmica, ductilidade e resistência à corrosão, e para garantir a adequação do material ao desenho definido do ponto de vista da capacidade de serviço do silenciador e é um contributo para o projeto.

Seleção de cobre

O cobre é um dos elementos básicos do nosso planeta. É um metal meio precioso, mas um elemento natural, ligeiramente mais duro do que outros metais e muito dúctil e maleável. O cobre puro tem a mais alta condutividade eléctrica e térmica de todos os metais e tem a mais baixa resistência de contacto.

Propriedades do cobre

Tabela 1.1 Propriedades físicas do cobre

Imóveis	**Natureza do cobre**
Cor	Castanho avermelhado
Lustier	Brilhante metálico mais lustroso, tem um brilho e uma luminosidade
Ductilidade	Pode ser facilmente puxado ou esticado
Maleabilidade	Capaz de ser moldado ou dobrado
Condutividade	Excelente transmissão de calor ou eletricidade e bom condutor de calor
Dureza	Um metal relativamente macio
Densidade	É um metal denso

Tabela 1.2 Propriedades químicas do cobre

Natureza	**Definição**
Fórmula química	CU
Reatividade	O cobre reage com o ar/oxigénio quando aquecido. Não reage com os ácidos diluídos ou com o vapor
Oxidação	Uma película fina na superfície do cobre resultante da absorção de oxigénio, suficientemente quente para ser novamente oxidada pelo ar.

CAPÍTULO 2 REVISÃO DA LITERATURA

INTRODUÇÃO

A revisão da literatura aborda os diferentes trabalhos anteriores realizados por engenheiros eminentes no mesmo domínio. O desenvolvimento do silenciador, fase a fase, é explicado de forma sucinta, sendo analisadas as principais áreas de concentração de vários cientistas e as suas razões. Este estudo bibliográfico aborda a situação atual da utilização do nano silenciador revestido e centra-se no desenvolvimento de um novo silenciador e nas características do motor. Por último, é analisado o desempenho do motor, a combustão e as características de emissão do silenciador nano revestido no motor diesel.

O capítulo trata da análise desses documentos e do método existente. Seguem-se alguns artigos que tratam destes temas.

Branislav Sarkan et al (2017) centraram-se na análise de dados dos resultados dos controlos de emissões em postos de trabalho seleccionados durante os anos de 2007 a 2015. No artigo, a análise relativa à relação do nível das emissões de escape de elementos seleccionados de diferentes sistemas de emissão de acordo com o ano de produção do veículo é processada e o processo de redução das emissões do veículo de cada vez pode ser visto. Com base nos limites de emissão e no desenvolvimento da conceção dos motores, pode presumir-se que as emissões de escape dos veículos a motor irão diminuir constantemente. O mercado emergente dos veículos eléctricos, uma vez que o seu funcionamento não produz quaisquer emissões, representa também um facto positivo. A redução do impacto negativo dos veículos na fase de funcionamento, no ambiente natural, depende em grande medida da adoção de soluções de construção [1].

Galindo et al (2017) estudaram a influência da poupança de energia térmica dos gases de escape e da redução da interferência dos impulsos de pressão no desempenho dinâmico do motor durante o transiente de carga de motores diesel turboalimentados de injeção direta de alta velocidade. A análise foi realizada com a utilização de um coletor de escape de parede dupla e de um coletor de escape por impulsos, que não só foram modelados, mas também fabricados e testados num banco de ensaios de motores capaz de realizar ensaios transitórios de carga a velocidade constante [2].

Huiying Luo et al (2019) estudaram a análise da previsão dos níveis absolutos de concentração de poluentes e as mudanças nos valores máximos de concentração de ozono é um desafio para os modelos regionais de qualidade do ar devido a incertezas nos dados de entrada, bem como na física e química do modelo. Dada a forte ligação entre a magnitude do nível de concentração de base e os valores de pico de ozono, ele desenvolveu um novo método, nomeadamente a Projeção BL, para estimar o 4º maior ozono associado, o valor de projeto e o número de ozono excedido e determinar os seus limites de confiança através da superimposição de forçantes sinópticas históricas multi-decadais que actuam sobre a concentração BL prevalecente. Isto é demonstrado usando 34 anos de observações para estabelecer a validade e robustez da metodologia proposta neste estudo, facilitando assim decisões políticas mais fiáveis e robustas sobre a gestão de emissões [4].

Mehta Nirava et al (2017) investiga a medida da opacidade do fumo, partículas de carbono, uma melhoria significativa observada no desempenho de um silenciador aquático modificado. Esta conceção modificada conduz a um melhor controlo da poluição atmosférica, especialmente para veículos pesados. Mostra também a forma de melhorar o nível de ruído produzido pelos veículos pesados. Neste estudo, o modelo existente e os modelos projectados são testados utilizando medições reais do motor. As vantagens e limitações destas abordagens são examinadas e comparadas [6].

Mohamed Nour et al (2018) investigaram a injeção de etanol no coletor de escape na combustão de dois combustíveis utilizando um motor diesel de um cilindro. O etanol foi injetado enquanto o gasóleo foi injetado diretamente no cilindro. O objetivo desta estratégia de injeção foi utilizar a entalpia dos gases de escape para vaporizar o etanol antes da combustão, reduzindo as emissões de fuligem e NOx sem diminuir a temperatura de combustão [7].

Mohammad Amin Salehnejada et al (2019) realizaram um estudo analítico sobre o fator de intensidade de fratura do D5S, utilizando os espécimes CT e o ensaio de tensão. A quantidade de fator de intensidade de fratura para o material mencionado a uma determinada temperatura foi de 24,43MPa.m1/2. A comparação da tenacidade à fratura do D5B à temperatura ambiente com o fator de intensidade de fratura do D5S revelou o efeito óbvio da temperatura na redução da resistência final de um material com fissuras. Relativamente aos componentes com fissura, o fator de intensidade de fratura foi considerado como um critério para avaliar a resistência do material em vez da tensão de cedência [8].

Nakoryakov et al (2018) relacionam-se com o domínio da acústica e tratam do problema da atenuação do ruído de motores de combustão interna de baixa potência. Devido ao facto de a resistência do fluxo aumentar quando o ruído diminui, os autores elaboraram e investigaram várias configurações de silenciadores e os métodos de atenuação do ruído. Durante o estudo num banco de ensaio sob a forma de uma serra de corrente, foram determinadas as características acústicas e as resistências hidráulicas dos silenciadores criados [9].

Noor El-Din et al (2019) investiga o efeito das nanoemulsões de água no gasóleo no desempenho do motor diesel e nas emissões de escape de um motor diesel de um cilindro a diferentes cargas do motor. O gasóleo emulsionado foi preparado misturando gasóleo com surfactante na percentagem do peso total da emulsão. Os óleos diesel emulsionados com diferentes teores de água e concentrações de tensioativo foram preparados através da técnica do método descontínuo. Foram adicionadas gradualmente diferentes concentrações de água. Foi investigado o efeito do teor de água e da concentração de tensioativo nos parâmetros de desempenho do motor e nas emissões de escape [10].

Nour et al (2017) realizaram uma investigação experimental para avaliar a combustão e as emissões de um motor diesel de um cilindro utilizando a injeção de água no coletor de escape. O objetivo desta estratégia de injeção é utilizar a entalpia dos gases de escape para evaporar a água antes da combustão, a fim de reduzir as emissões de fuligem e NOx sem diminuir as temperaturas de combustão [11].

Paul Williams et al (2018) apresentaram uma nova abordagem para o controlo do ruído de baixa a média frequência em condutas de maiores dimensões, normalmente encontradas em sistemas de turbinas a gás ou em grandes aplicações AVAC. É proposto um novo design de silenciador que consiste em elementos dissipativos e reactivos separados, unidos para produzir um novo design híbrido. O objetivo é substituir as concepções tradicionais de silenciadores de divisores dissipativos paralelos que se encontram habitualmente em sistemas de maiores dimensões, uma vez que estas concepções têm normalmente dificuldade em fornecer os níveis de atenuação necessários a baixas frequências [14].

Poola et al (2015) realizaram uma redução das emissões de NO e de partículas utilizando o desempenho do motor e o controlo das emissões com injeção de vapor e cloreto férrico, concluíram que as emissões de NOx, CO2, O2 e HC foram reduzidas em 4% quando o gasóleo foi combinado com FeCl3 e deu bons resultados em comparação com a combustão de gasóleo puro [16].

Resitoglu et al [2015], Investigaram as características de desempenho, combustão e emissão de um motor de taxa de compressão variável usando nanotubos de carbono como combustível em misturas de diesterol (diesel-biodiesel-etanol). O catalisador doador de oxigénio que fornece oxigénio para a oxidação do monóxido de carbono e absorve oxigénio para a redução dos óxidos de azoto [18].

Serrano et al (2018) investigaram experimentalmente os efeitos da adição de água ao ar de admissão na combustão, o desempenho e as características de emissão, comparando-os com o EGR num moderno motor diesel automotivo DI common-rail turbo de alta velocidade instalado no Laboratório de Motores Térmicos. A emissão de NOx foi reduzida pela adição de água em comparação com a EGR. Foi observada uma tendência semelhante em velocidades e cargas seleccionadas do motor [16].

Xiaokang Ma et al (2017) investigam a injeção de água no coletor de admissão, que é uma forma eficaz de controlar a temperatura de combustão e as emissões de NOx dos motores diesel. Os vários efeitos da IMWI na combustão e nas emissões de diesel reflectem o efeito de diluição, o efeito térmico e o efeito químico. Neste estudo, os efeitos de diluição, térmicos e químicos da IMWI nas características de combustão e emissões de um motor diesel a quatro tempos, de injeção direta e turboalimentado são investigados por simulação CFD. A IMWI reduz a pressão e a temperatura médias no interior do cilindro e o efeito de diluição da IMWI desempenha um papel dominante na diminuição da pressão e da temperatura médias no interior do cilindro [3].

Yusria et al (2018) aborda o esgotamento das fontes de combustível não renováveis, acompanhado da poluição interminável das emissões de gases de escape dos motores de combustão interna, o que levou a um interesse renovado em recursos energéticos alternativos. O objetivo da investigação experimental é estudar os efeitos das características das propriedades do combustível do motor na combustão do motor e nas características das emissões de escape. Neste estudo experimental, o motor a gasóleo foi ensaiado com proporções volumétricas de butanol/diesel de 5:95 (DBu5), 10:90 (DBu10) e 15:85 (DBu15) de butanol para gasóleo. As experiências realizadas neste estudo demonstraram que a principal vantagem da utilização do butanol como combustível substituto do gasóleo é a redução significativa das emissões de escape do motor, principalmente de NOx, CO e HC [19].

Zhao cheng yuan et al (2019) analisa os efeitos de um coletor de escape com diferentes estruturas na distribuição da ordem sonora do ruído de escape com base na teoria unidimensional das ondas planas. Ao mesmo tempo, o coletor isométrico simétrico suprime apenas os componentes de meia ordem do ruído de escape. Finalmente, o coletor de escape não isométrico aumenta as componentes de ordem média e de ordem inteira do ruído de escape [20].

ZhenboLu et al (2016), no seu trabalho, realizaram experiências com um motor diesel de injeção direta, naturalmente aspirado, com gasóleo, com menores emissões de fumo e CO em comparação com o gasóleo. No entanto, são emitidos óxidos de azoto (NOx) mais elevados quando comparados com o gasóleo puro. Além disso, quando combinado com a recirculação dos gases de escape (EGR), as emissões de NOx são ligeiramente reduzidas [25].

CONCLUSÃO DA REVISÃO DA LITERATURA

- A adição de uma mistura de nano materiais sob a forma de nano fluidos ao nano revestimento do silenciador pode melhorar as suas propriedades.
- Aplicação biológica com zero toxicidade química, aplicação e para o ambiente.
- A modificação do revestimento do silenciador é uma das melhores formas de reduzir as emissões e o ruído.

A partir da revisão da literatura acima referida, é evidente que é necessário mais trabalho para otimizar os parâmetros do nano-revestimento, para estudar e testar o desempenho do revestimento no silenciador. O capítulo seguinte explica sucintamente a definição do problema, os seus objectivos e o âmbito do presente trabalho. Após uma pesquisa bibliográfica exaustiva, o problema do presente estudo consiste em otimizar o nano-revestimento do silenciador utilizando cobre. As propriedades físicas e químicas do cobre são estudadas e analisadas. As características de desempenho, combustão e emissão do nano-revestimento também são analisadas, e o melhor resultado entre eles é encontrado em comparação com os dados de base.

CAPÍTULO 3
OBJECTIVO E METODOLOGIA

DEFINIÇÃO DO PROBLEMA

Após uma pesquisa bibliográfica exaustiva, o problema do presente estudo consiste em otimizar o nano-revestimento do silenciador utilizando cobre. O problema que se coloca para a investigação é o de estudar os factores de desenvolvimento do silenciador nano revestido. Após uma revisão exaustiva e crítica da literatura, a reação e a leitura com e sem conversor catalítico são comparadas com os dados da linha de base. As propriedades físicas e químicas do cobre devem ser estudadas e analisadas. As características de desempenho, combustão e emissão de vários materiais devem ser analisadas, e o melhor entre eles deve ser encontrado.

OBJECTIVO DO ESTUDO

Com base na revisão da literatura, foram definidos os seguintes objectivos para o presente trabalho.

- Projetar o silenciador com o modelo existente utilizando o software Solid Works.
- Analisar o fluxo de temperatura utilizando o software ANSYS.
- Determinar o silenciador personalizado utilizado para o processo.
- Estudar a modificação do silenciador para obter um melhor resultado das emissões de escape.
- Conceber o nano-revestimento do silenciador utilizando revestimento/galvanização de cobre.

- Analisar o controlo das emissões do motor Diesel.

- Para comparar o resultado das emissões de escape com a data de referência.

- Estudar o desempenho do motor, as emissões e as características de combustão do nano-revestimento do silenciador.

A figura 3.1 mostra a metodologia para o nano revestimento do silenciador e a redução das emissões. A metodologia segue-se com a seleção do material de nano revestimento e o nano revestimento do silenciador utilizando cobre. O ensaio de emissões e de fumos é analisado utilizando o analisador de di-gás e o medidor de fumos. Os ensaios foram efectuados com o motor diesel DICI

METODOLOGIA

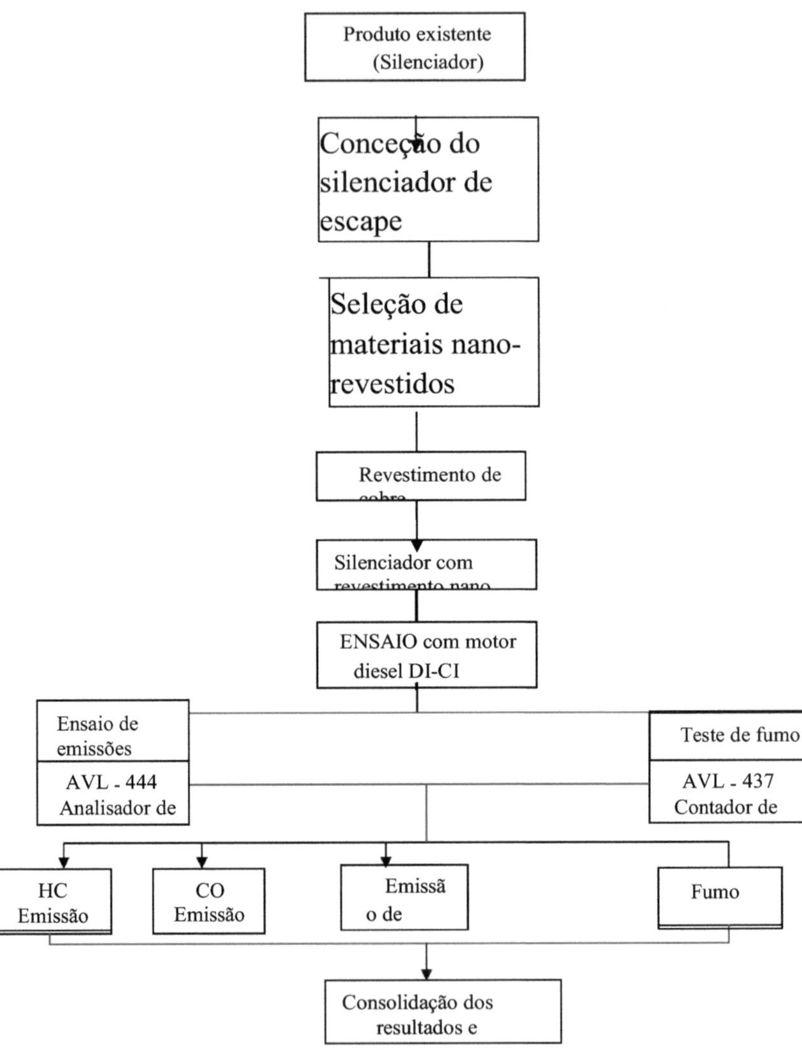

Figura 3.2 Metodologia para o nano-revestimento do silenciador

O produto existente é convertido no silenciador de nanorrevestimento e também são efectuados os ensaios e os resultados são retirados da metodologia mencionada na Figura 3.2.

CAPÍTULO 4
MATERIAIS E MÉTODOS DO SILENCIADOR

INTRODUÇÃO

O objetivo desta análise é garantir a adequação do material para o design definido do ponto de vista da capacidade de serviço do silenciador e é um contributo para o projeto. O principal objetivo na seleção do material é não atingir a zona de oxidação anormal em condições de funcionamento. A documentação atual não é consistente no que diz respeito à extensão dos danos por deformação em aplicações de silenciadores de escape. No entanto, outros autores definem a deformação por fluência como a principal influência nos danos totais ou consideram a deformação viscosa, explícita ou implicitamente, na avaliação da vida útil. O ensaio do ciclo térmico do silencioso de escape inclui o tempo de permanência em condições de carga máxima e de motorização. O funcionamento do motor em condições de carga máxima (temperatura máxima) sujeita o silencioso de escape a cargas de compressão (carga fora de fase). Nestas circunstâncias, os danos por deformação são considerados um efeito secundário. No entanto, a quantidade de relaxação local e o seu impacto na previsão do tempo de vida dos silenciadores devem ter em consideração os factores-chave explícitos de deformação/danos por fluência ou considerações implícitas de utilização da dependência da tensão média/máxima.

NECESSIDADE DE SILENCIADOR

A necessidade de um silenciador num veículo consiste em arrefecer os gases de escape por expansão através do mesmo e reduzir o ruído dos gases de saída. Os gases de escape devem ser descarregados para a atmosfera com um limite mínimo no fluxo dos gases de escape, o que provoca contrapressão. O silenciador controla a direção do fluxo dos gases de escape a alta pressão e liberta-os para a atmosfera de modo a produzir um ruído mínimo. Reduzem também a perceção do ruído. Um silenciador, também conhecido como supressor de som ou moderador de som, é um dispositivo de focinho que reduz a intensidade acústica. O silenciador é um dispositivo através do qual passam os gases de escape de um motor de combustão interna para atenuar (reduzir) o ruído aéreo do motor e é fixado ao escape de um veículo a motor para reduzir o ruído do motor. Tal como um travão de boca, os silenciadores reduzem o recuo, contrariando a pressão do gás que, de outro modo, forçaria a arma a bater diretamente na cara e no ombro do atirador. Também reduzem o ruído percetível. O silenciador tem a função de reduzir o ruído e as vibrações. Os gases de escape na câmara de combustão, que se encontram a temperaturas de cerca de 1200K, são libertados para a atmosfera, redução que ocorre de forma eficiente à medida que os gases de combustão fluem através do sistema de escape.

FUNÇÃO DO SILENCIADOR

No mundo dos geradores, um silenciador desempenha a mesma função para os motores de combustão que o silenciador desempenha para os motores em aplicações automóveis e de construção. Ambos reduzem o ruído e as emissões de escape produzidas durante a combustão. Para suprimir esse som insuportável, é introduzido um "silenciador" no sistema de escape de um veículo. Em linguagem leiga, um silencioso controla a direção do fluxo dos gases de escape de alta pressão e liberta-os para a atmosfera de modo a produzir um ruído mínimo. Silenciador - Os gases de escape devem ser descarregados para a atmosfera com um mínimo de restrição. A restrição do fluxo dos gases de escape provoca contrapressão.

COMPONENTES DO SILENCIADOR

Um silenciador típico é um cilindro metálico com deflectores de som internos que abrandam e arrefecem o gás que se escapa, dissipando a sua energia cinética durante mais tempo e numa área maior, reduzindo assim a intensidade e diminuindo tanto o volume do som como o impulso gerado, que se encontra no interior do silenciador é um conjunto de tubos. Os gases de escape e as ondas sonoras entram pelo tubo central. Estas ondas fazem ricochete na parede traseira do silenciador e são reflectidas através de um orifício no corpo principal do silenciador. O silenciador é um dispositivo acústico tubular inserido no sistema de escape, concebido para reduzir o ruído. Dispositivo acústico - um dispositivo para amplificar ou transmitir som. Sistema de escape, escape - sistema constituído pelas partes de um motor através das quais são descarregados os gases queimados ou o vapor.

- Deflectores e separadores.
- Toalhetes e material de embalagem.
- Anexo.
- Tipos avançados.
- Silenciador de pistão cativo.
- Silenciadores improvisados.
- Munições subsónicas.

MATERIAL PARA SILENCIADOR

Os ferros fundidos dúcteis (DCI) com elevado teor de silício e molibdénio (HiSiMo) são frequentemente utilizados para componentes de motores a alta temperatura, incluindo colectores de escape e caixas de turbocompressores. O HiSiMo DCI contendo 4-6% de silício com mais de 0,3% de molibdénio é caracterizado por uma boa resistência a altas temperaturas e resistência à oxidação. A caraterística comum de todos os ferros fundidos dúcteis é a forma aproximadamente esférica dos nódulos de grafite. Estes nódulos actuam como pára-fissuras e, consequentemente, tornam o ferro mais dúctil.

Tabela 4.1 Composição química do ferro fundido dúctil

Elemento	Composição (%)
C	2.45
Si	4.60
Mn	0.24
P	0.02
S	0.01
Cr	1.18
Mo	0.75
Ni	0.02
Mg	0.04
Cu	0.03

O Mo é conhecido como um elemento de reforço do ferro fundido dúctil através da formação de carbonetos. Essa formação de carbonetos foi relatada como aumentando a resistência à tração, a vida à fadiga térmica e a resistência à fluência.

Tabela 4.2 Propriedades mecânicas do ferro fundido dúctil

Propriedades do material				
Parâmetros	**Valores**			**Unidades**
Temperatura	20	160	500	^{0}C
Módulo de Young	0.18	0.1753	0.1437	Gpa
Tensão de cedência	574	550	262	Mpa
Força máxima	637.9	626.2	370.5	Mpa
Coeficiente de Expansão Térmica	1.28×10^{-5}	1.46×10^{-5}	1.61×10^{-5}	$1/ C^{0}$
Condutividade térmica	33.0	33.3	32.6	$W/m\ C^{0}$

O caminho que os fumos percorrem até ao conversor catalítico, onde a temperatura nesta zona é elevada. Por isso, deve ser utilizado aqui um material com um coeficiente de expansão térmica, temperatura de serviço, força e resistência à corrosão adequados. Os catalisadores de combustão são um material de alta qualidade, que proporciona uma resistência muito boa para resistir a fissuras. A baixa massa térmica e o peso reduzido são necessários para aplicações de sistemas de escape de iluminação rápida. A capacidade de soldadura da chapa metálica é mais fácil. Os materiais utilizados para a chapa metálica são SUS 429LM, SUS 441L, SUS 304, SUS 309. Estes materiais fornecem um coeficiente de expansão térmica suficiente, temperatura de serviço, força, resistência térmica e resistência à corrosão.

FUNCIONAMENTO DO SILENCIADOR

São concebidos para refletir as ondas sonoras produzidas por cada cilindro do automóvel, emitindo gases residuais sob a forma de ondas pulsantes e criando ondas de pressão no sistema de escape - porta de escape. O silenciador ou o silenciador de escape pode ser concebido de forma adequada e permite abafar o ruído de escape. O princípio básico baseia-se em alguns princípios da física do motor, de tal modo que se anulam parcialmente. Um silenciador (silencer em inglês britânico) é um dispositivo para reduzir o ruído emitido pelo escape de um motor de combustão interna. Foi desenvolvido um silenciador para atenuar o ruído de escape do motor utilizando métodos de controlo ativo. O dispositivo consiste numa válvula accionada eletricamente, combinada com um volume tampão, que está ligado à saída do escape. Utilizando o caudal médio através da válvula e as flutuações de pressão no volume, a válvula regula o caudal de modo a que apenas o caudal médio passe pela saída do escape. As flutuações do caudal são temporariamente amortecidas no volume. Para realizar experiências de otimização e validação, é desenvolvido um simulador de motor a frio. Este dispositivo gera ruído de escape realista e o caudal de gás correspondente utilizando ar comprimido. O simulador permite experiências acústicas e fluidodinâmicas rápidas e fiáveis em protótipos de gases de escape. O silenciador ativo é capaz de reduzir o ruído de escape de 91 dBA para 78 dBA após a saída do tubo de escape, com uma contrapressão de 3 kPa para o motor.

CONVERSOR CATALÍTICO

Um conversor catalítico é um dispositivo de controlo das emissões de escape que reduz os gases tóxicos e poluentes presentes nos gases de escape de um motor de combustão interna em poluentes menos tóxicos - um dispositivo incorporado no sistema de escape de um veículo a motor que contém um catalisador para converter os gases poluentes em gases menos nocivos. A figura 4.1 mostra a reação catalítica.

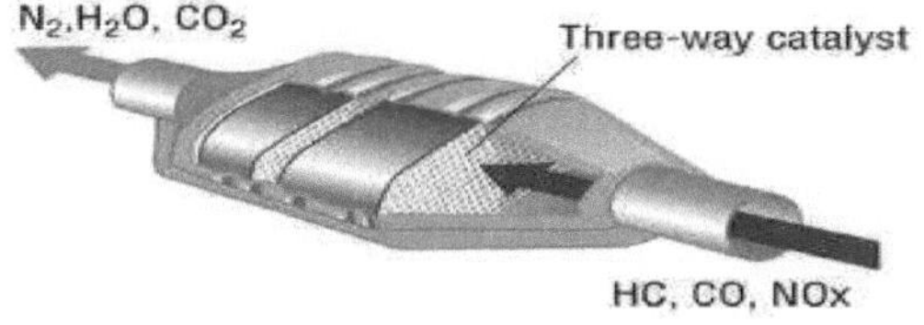

Figura 4.1 Conversor catalítico

Um deles combate a poluição por óxido de azoto através de um processo químico chamado redução (remoção de oxigénio). O outro catalisador funciona através de um processo químico oposto chamado oxidação (adição de oxigénio) e transforma o monóxido de carbono em dióxido de carbono. Os catalisadores são utilizados nos sistemas de escape para proporcionar um local para a oxidação e redução dos subprodutos tóxicos (como os óxidos de azoto, o monóxido de carbono e os hidrocarbonetos) do combustível em substâncias menos perigosas, como o dióxido de carbono, o vapor de água e o gás nitrogénio. A fim de reduzir a poluição atmosférica, os automóveis modernos estão equipados com um dispositivo denominado catalisador que reduz as emissões de três compostos nocivos presentes nos gases de escape dos automóveis: Monóxido de carbono (um gás venenoso) Óxidos de azoto (uma causa do smog e da chuva ácida) Hidrocarbonetos (uma causa do smog).

REACÇÃO QUÍMICA E REDUÇÃO

Uma reação química ocorre quando um ou mais produtos químicos são transformados em um ou mais produtos químicos. Um processo que envolve o rearranjo da estrutura molecular ou iónica de uma substância, diferente de uma mudança na forma física ou de uma reação nuclear. Numa reação química, os átomos e moléculas produzidos pela reação são designados por produtos. Não são criados novos átomos, nem são destruídos átomos. Numa reação química, os reagentes entram em contacto uns com os outros, as ligações entre os átomos dos reagentes são quebradas e os átomos reorganizam-se e formam novas ligações para formar os produtos. As reacções químicas são a forma como são criadas novas formas de matéria. Embora as reacções nucleares também possam produzir nova matéria, quase todas as substâncias que encontramos no dia a dia são o resultado de alterações químicas. As reacções químicas ajudam-nos a compreender as propriedades da matéria. A redução é uma reação química que envolve o ganho de electrões por um dos átomos envolvidos na reação entre duas substâncias químicas. O termo refere-se ao elemento que aceita electrões, uma vez que o estado de oxidação do elemento que ganha electrões é reduzido. A oxidação é a perda de electrões ou o aumento do estado de oxidação de um átomo por uma molécula, um ião ou outro átomo. A redução é o ganho de electrões ou a diminuição do estado de oxidação de um átomo por uma molécula, um ião ou outro átomo. Redução (química) A redução é uma reação química que envolve o ganho de electrões por um dos átomos envolvidos na reação entre dois produtos químicos. O termo refere-se ao elemento que aceita electrões, uma vez que o estado de oxidação do elemento que ganha electrões é reduzido. A composição química do catalisador varia em função dos gases de escape *do motor*, o que é necessário para a redução dos NOx, que ultrapassa frequentemente os 95% de redução nos gases de escape.

MATERIAL DO SILENCIADOR EXISTENTE

Os materiais mais utilizados nos sistemas de escape são o ferro fundido, o aço inoxidável, o aço macio/aço-carbono. As recentes tendências para conceitos de peso reduzido, redução de custos e melhor desempenho, os projectistas estão a avançar para as chapas metálicas. Atualmente, os aços inoxidáveis são utilizados em foles flexíveis, conversores catalíticos, ressonadores, silenciadores e tubos. O aço macio/aço carbono é utilizado para flanges, tubos e silenciadores. A adição de elementos desempenha um papel importante na decisão sobre o desempenho, o fabrico e a vida útil. Exemplos como o carbono aumentam a dureza e a temperabilidade, ao mesmo tempo que reduzem a ductilidade. O silício aumenta a ductilidade, a força e a resistência à corrosão. O manganês ajuda a aumentar a ductilidade e a capacidade de soldadura. A adição de enxofre e fósforo reduz a ductilidade e aumenta a fragilidade. A adição de molibdénio aumenta a temperabilidade, a dureza, a força e a resistência à corrosão. O crómio, o níquel e o titânio aumentam a resistência à corrosão. A Figura 4.2 mostra o modelo existente do silenciador.

Figura 4.2 Modelo de silenciador existente

4.9.1Deméritos do material existente

O silenciador é um dispositivo utilizado para transportar os gases de escape da câmara de combustão para a atmosfera. Uma vez que transporta os gases de escape, deve ser resistente ao calor, suportar a pressão e resistir à corrosão. Na maioria dos casos, a falha do silenciador deve-se ao efeito da corrosão. Esta deve-se às condições atmosféricas do nosso mundo e ao depósito de condensados ácidos no silenciador. Estes condensados corroem o material do silenciador e provocam corrosão. Por isso, deve ser utilizado material resistente à corrosão para evitar tais circunstâncias. Selecionar os melhores materiais corrosivos, como a fibra de carbono, a fibra de vidro, o aço inoxidável e o material atualmente utilizado, o aço macio, compará-los com as condições de carga térmica e de pressão e selecionar o melhor material resistente à corrosão.

NANO REVESTIMENTO

Uma nanopartícula pode ser definida como tendo a espessura do revestimento à escala nanométrica ou as partículas de segunda fase que estão dispersas na matriz na gama de tamanhos nanométricos. Películas finas que são aplicadas em superfícies para criar ou melhorar a funcionalidade de um material, como a proteção contra a corrosão, a proteção contra a água e o gelo, a redução da fricção e a proteção anti-folhas e anti-bacteriana. As nano partículas organizam-se para formar um revestimento e ligam-se à superfície após a aplicação. É completamente seguro, não contém produtos químicos nocivos, nem componentes orgânicos voláteis, e é incrivelmente eficiente na utilização, com apenas alguns gramas de revestimento de fluido de proteção. Cria uma ligação permanente ou semi-permanente com as propriedades da pintura do veículo, auto-limpeza, resistência ao calor e à radiação e gestão térmica. Os nano-revestimentos oferecem vantagens significativas para aplicações nos sectores aeroespacial, médico, marítimo e petrolífero, tendo levado os fabricantes a incorporar revestimentos multifuncionais nos seus produtos.

Tipos de nano-revestimento

Os polímeros são colecções de moléculas ligadas, em que os polímeros se reticulam para formar a nano-estrutura que constitui um nano-revestimento.

O nano-revestimento por pulverização térmica inclui principalmente três tipos:

- Revestimento de nanocristais - Composto por apenas um material.
- Revestimento compósito de nanocristais - Composto por dois ou mais nanomateriais.
- Revestimento compósito - Reforçado por nano-particulas.

Métodos de nano revestimento

O nanorrevestimento é um processo pelo qual uma camada fina de espessura de cerca de <100 nm é depositada no substrato para melhorar alguma propriedade ou para conferir uma nova funcionalidade. Os revestimentos convencionais têm algumas limitações, tais como: i) adesão inadequada entre a camada de revestimento e o substrato, ii) menor flexibilidade, iii) perda de resistência, iv) fraca resistência à abrasão e v) menor durabilidade.

- Sol-gel.
- Layer-by-layer (LBL).
- Próprio-montagem.
- Revestimento por imersão.
- Revestimento por rotação.
- Técnicas assistidas por plasma ou por feixes de iões.
- Deposição eletroquímica.
- Deposição de vapor.
- Deposição por laser pulsado.
- Pulverização catódica por magnetrão.

Seleção do método de revestimento

A técnica de camada por camada (LbL) é uma das formas mais promissoras de fabricar películas finas multicamadas e revestimentos com composição, espessura e arquitetura precisamente controladas à escala nanométrica. As películas finas multicamadas e os revestimentos que contêm nanopartículas metálicas. A principal atenção foi dada às películas LbL contendo nanopartículas metálicas montadas por métodos convenientes baseados nas diferentes interacções intermoleculares, como a ligação de hidrogénio, a interação de transferência de carga, o reconhecimento molecular, as interacções de coordenação, como força motriz para a formação de multicamadas.

Tem sido dada muita atenção aos filmes LbL contendo nano-compósitos metálicos para aplicações catalíticas multifuncionais, em particular, foto-catálise, catálise térmica e electro-catálise. A sistematização e análise dos dados da literatura sobre a síntese, caraterização e aplicação de películas finas multicamadas e revestimentos contendo nanopartículas metálicas em diversos suportes podem abrir novas direcções e perspectivas neste tema único e excitante.

APLICAÇÃO DE NANO REVESTIMENTO

As aplicações dos nano-revestimentos incluem, por exemplo:

□ Revestimentos anti-adesivos para componentes e coberturas de instalações.

□ Revestimentos à prova de riscos para coberturas de plástico para ecrãs.

□ Revestimentos fáceis de limpar, biocompatíveis e auto-cortáveis para tecnologia médica.

□ Revestimentos interiores e exteriores para cânulas para análise e medicina.

CAPÍTULO 5 CONFIGURAÇÃO EXPERIMENTAL
NORMAS INTERNACIONAIS DE EMISSÕES

Existem muitos organismos reguladores internacionais, no entanto, o Euro 4 e a EPA são os mais prevalecentes entre as nações e são geralmente considerados os pontos de referência. Estes organismos determinam a quantidade total de poluentes definidos que um motor pode emitir para a atmosfera. As unidades utilizadas por estas especificações são geralmente definidas como gramas por milha, ou seja, quantas gramas se podem dispersar legalmente por milha percorrida de tempo de condução. Embora as células de teste permitam medir as concentrações de numerosos compostos no escape, a maioria dos organismos reguladores monitoriza apenas cinco produtos químicos: gás orgânico não metano (NMOG), óxidos nitrosos (NOx), monóxido de carbono (CO), formaldeído e partículas (PM). A maioria destes compostos é auto-explicativa, mas é necessário salientar que o formaldeído é utilizado como uma métrica para medir a quantidade de poluição por hidrocarbonetos emitida. Os níveis aceitáveis para cada composto diferem ligeiramente.

POLUENTES

Para compreender plenamente como os gases de escape podem ser nocivos, é necessário compreender como cada composto poluente é efetivamente formado.

NOx

O NO é um gás incolor que se oxida no ar para formar NO2. Trata-se de um gás vermelho-acastanhado com um forte odor. A dependência do óxido de azoto é exatamente oposta à do CO e dos HC. Na área de excesso de combustível, o NOx aumenta com o aumento do valor e devido ao aumento da concentração de oxigénio. Na zona de mistura pobre, o NOx diminui com o aumento do valor. A concentração de NOx aumenta com o aumento da carga do motor para todos os combustíveis. A reação de conversação (oxidação) entre o óxido de azoto e o O2 para formar NO2 tem lugar a temperaturas e pressões mais elevadas no cilindro de um motor diesel. A redução do atraso de ignição e o aumento do grupo hidroxilo resultantes da presença de água na emulsão de combustível conduziram a uma temperatura mais elevada do cilindro. A concentração das emissões de NOx diminui com o aumento do teor de água no gasóleo emulsionado. Em comparação com o gasóleo puro, a presença de um maior teor de água dispersa nos combustíveis emulsionados aumenta as concentrações de emissões de combustão, aumentando a reação de oxidação do monóxido de azoto com o oxigénio. No entanto, quando aquecidos a temperaturas elevadas, o N2 e o O2 podem dissociar-se. Após a dissociação, têm o potencial de reagir entre si, sofrendo potencialmente uma reação endotérmica para criar NOx (NO ou NO2). O NOx, se distribuído na atmosfera, acaba por formar ácido nítrico, que contribui fortemente para a chuva ácida.

Hidrocarbonetos

Muitos hidrocarbonetos foram classificados como cancerígenos, razão pela qual as suas emissões são reguladas e monitorizadas de perto em novos projectos de motores. As emissões de HC das nanoemulsões de gasóleo são inferiores às do gasóleo puro em todas as condições de funcionamento do motor. As emissões de HC do gasóleo emulsionado são inferiores às do gasóleo puro em 47,3% à carga do motor de 3 kW. A melhor relação ar/combustível permite e melhora a atomização do combustível, o que faz com que a microexplosão aumente. O aumento do teor de oxigénio resulta numa combustão completa na zona rica em combustível. As emissões de HC aumentam para todos os combustíveis de ensaio, tendo-se verificado uma redução considerável das emissões de HC das misturas em relação ao gasóleo. A adição de éster metílico ao gasóleo aumenta o teor de oxigénio, reforçando as reacções de combustão, o que resulta numa temperatura de combustão elevada que reduz as emissões. O oxigénio que envolve as gotículas de combustível demoraria relativamente mais tempo a assistir à combustão das gotículas de combustível. A redução das emissões dos motores de ignição por compressão deve-se também ao facto de a relação carbono/hidrogénio ser inferior à do gasóleo normal, devido à presença de oxigénio na sua estrutura molecular. As emissões de HC das nanoemulsões de gasóleo são inferiores às do gasóleo puro em todas as condições de funcionamento do motor. Afirmar que os hidrocarbonetos são um subproduto completo da reação de combustão é um pouco enganador. Os hidrocarbonetos propriamente ditos podem ser melhor definidos como combustível não queimado. Se uma parte da gasolina não entrar em combustão (reagir com o oxigénio) quando a faísca acende o combustível no cilindro, sai pelo escape sem ser queimada. No processo de combustão, a passagem de hidrocarbonetos pelo escape pode resultar de várias acções. Se a ignição for mal cronometrada e for acesa antes ou depois do ângulo desejado a partir do ponto morto superior, a reação não ocorrerá de forma estequiométrica. Além disso, uma mistura de combustível não estequiométrica ou um catalisador defeituoso podem resultar num elevado teor de hidrocarbonetos.

Partículas em suspensão

A EPA define partículas como uma partícula ou gotícula com 10 micrómetros ou menos. Este é o tamanho especificado porque é o tamanho máximo que pode ser absorvido pelos pulmões humanos. Normalmente, os motores a gasóleo são os maiores responsáveis pela produção de partículas como cinzas, sulfatos, fuligem de gasóleo e partículas metálicas de abrasão. Estas podem resultar de um grande número de factores, mas todas são consideradas cancerígenas.

Monóxido de carbono

O monóxido de carbono é um gás incolor, inodoro e venenoso. Surge particularmente na mistura rica, uma vez que não há quantidade suficiente de oxigénio necessária para a oxidação do carbono em dióxido de carbono inofensivo. Na zona de excesso de combustível, o teor em volume de CO aumenta com a diminuição do valor de lambda (λ) de forma praticamente linear. Tal como acontece com os hidrocarbonetos, a combustão incompleta pode resultar na produção de monóxido de carbono (CO). Uma relação ar/combustível baixa significa que há menos ar do que o necessário para uma reação completa e resulta na criação de CO, que em grandes quantidades é tóxico para os seres humanos e os animais.

Fumo

A emissão de fumo aumenta à medida que a carga do motor aumenta devido à combustão incompleta do combustível para motores diesel. As emissões de fumo diminuem com o aumento do teor de água na emulsão de gasóleo. Este facto deve-se ao efeito de diluição do vapor de água na emissão de fumo. A queima do combustível emulsionado produz um vapor de água que dilui o nível de fumo nas emissões de escape. A redução da emissão de fumos diminui de 3,9 para 5,8% com a diminuição do tamanho das gotículas de água de 98,8 para 59,1 nm, a uma carga do motor de 1 kW e um teor de água de 5 % em peso. O aumento do tempo de retardamento da ignição promove a oxidação dos fumos e melhora a reação de combustão.

PROCESSO EXPERIMENTAL

As características de emissão do silenciador nano revestido instalado na configuração do motor são mencionadas no quadro 3. As características dos gases de emissão são calculadas e comparadas com os dados de base existentes.

Tabela 5.1 Especificação do motor

Tipo	Motor vertical
Tipo de arrefecimento	Agua
Velocidade	1500 rpm
Diâmetro do furo	80 mm
Potência de travagem	3,7 kW
Fazer	Motor Kirloskar

As características das emissões de gases de escape, como os níveis de CO, UHC, CO2, NOx e fumo, foram medidas utilizando o analisador de gases AVL-444 DI e o medidor de fumo AVL 437.

VISTA EXPERIMENTAL DE UM MOTOR

Figura 5.1 Vista fotográfica da instalação do motor experimental

A representação pictórica da configuração do motor é mostrada na figura 2. O ensaio foi efectuado num motor DICI, Kirloskar AV1, de 1 cilindro, a 4 tempos, arrefecido a água, naturalmente aspirado, com 3,5 kW de potência máxima e 1500 rpm de velocidade constante. Utilizou-se um dinamómetro de correntes parasitas para variar a carga do motor de 0, 20, 40, 60, 80 e 100 %, respetivamente. A análise da combustão foi efectuada com a ajuda de um transdutor piezoelétrico fabricado pela Cityzen, de um sensor de pressão arrefecido a ar montado numa cabeça de motor e de um sistema de aquisição de dados de alta velocidade. O motor DI-CI funcionou com a pressão e o tempo de injeção normais de 200 bar e 23 ° BTDC, respetivamente, e também para fazer funcionar o motor durante cerca de 20 minutos sem qualquer carga para atingir o estado estacionário. Para analisar as emissões adversas de gases de escape e os níveis de fumo, mediram-se instrumentos como o analisador de di-gás AVL-444 e o medidor de fumo padrão AVL 437, respetivamente. O motor foi ensaiado em cada condição de carga com e sem o conversor catalítico.

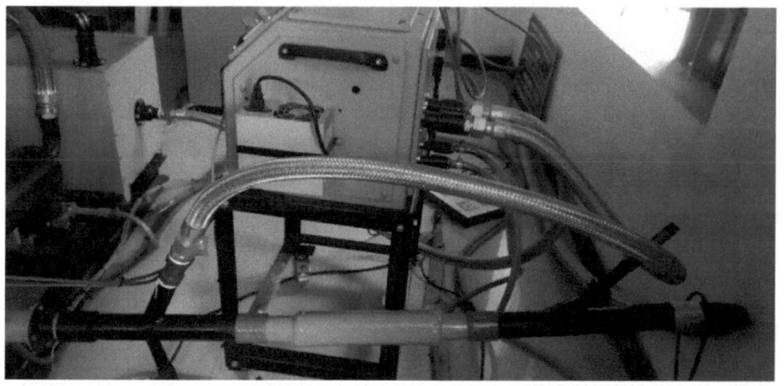

Figura 5.2 Vista fotográfica da configuração do silenciador nano revestido

A representação pictórica da configuração do nano-silenciador revestido é mostrada na Figura 5.2. A configuração do silenciador revestido é fixada no tubo de escape da configuração do motor. Considerando que o desempenho é analisado calculando as reacções antes e depois do conversor catalítico.

AVL-444 ANALISADOR DE GASES DI

Um analisador de gases de escape é um instrumento para a medição de NOx entre outros gases nos gases de escape. O analisador de gases mede o monóxido de carbono, o dióxido de carbono, os hidrocarbonetos, o oxigénio e o óxido nítrico. O procedimento de ensaio dos analisadores de gases é o seguinte Verificar se a alimentação eléctrica corresponde às especificações do fabricante e se a ligação à terra é adequada; verificar se todos os acessórios do fabricante estão disponíveis e funcionam corretamente; verificar a calibração do intervalo e do zero utilizando uma amostra de gás de valor adequado para o CO e os HC; verificar a calibração eléctrica. Verificar se o sistema de amostragem é à prova de fugas, se a impressora funciona corretamente e se os pormenores da impressão estão correctos, verificar 1 veículo para a medição das emissões em marcha lenta sem carga utilizando este analisador.

As especificações do analisador de gases são apresentadas no quadro 5.2.

Quadro 5.2 Especificações do analisador de gases

S.N.	Parâmetros	Gama	Exatidão	Resolução
1	O2	0 a 21%	±2% da leitura	0.1%
	CO	0 a 5000 ppm	±5% da leitura	1 ppm
2	HC	0 a 5000 ppm	±5%	1 ppm
	CO2	0 a 5000 ppm	±5%	1 ppm
	O2	0 a 850%	±1%entre 70% e 95%	0.1%
3	Potência	Bateria recarregável Ni-Mh de 7,2 V/ 600 mAH ou alimentação 220 DC		
4	Bateria	Capacidade típica de 3 horas		
5	Sonda	Adequado para temperaturas de 0°C a 600°C Secção rígida de 30 cm com ficha cónica Tubo de neopreno de 4 metros		
6	Ecrã	LCD de matriz de pontos de 8 caracteres		
7	Interruptor	Teclado de policarbonato com membrana		

MEDIDOR DE FUMO AVL-437

Estamos a utilizar o medidor de fumos AVL para medir os gases de escape do motor. O medidor de fumos AVL é um medidor de fumos do tipo filtro para a medição do teor de partículas nos gases de escape dos motores diesel e DI. A especificação do medidor de fumos é mostrada no Quadro 5.3

- Elevada resolução de medição e baixo limite de deteção.
- Mudança atempada do papel devido ao indicador de papel de filtro

restante.

- Elevada reprodutibilidade, maior eficiência de limpeza e maior robustez contra gases de escape húmidos devido à purga de ar da loja de todo o percurso do gás.

O procedimento de ensaio dos contadores de fumo é o seguinte: Após o aquecimento do aparelho, verifica-se a calibração do aparelho nos pontos zero e médio da escala com o filtro de densidade neutra disponível. O valor deve ser inferior a 0,1 m-1 . O aparelho deve ter os acessórios normalizados especificados pelo fabricante. Verifica-se se o tubo de recolha de amostras, os tubos internos, etc., não estão deteriorados ou danificados para garantir que não há fugas.

A funcionalidade do sensor de temperatura do óleo e de RPM. O sistema de aquecimento da câmara ótica está a funcionar. v) O sistema de ar de purga está a funcionar corretamente. Os visores estão a funcionar corretamente. vii) A impressora está a funcionar corretamente e os detalhes da impressão estão correctos. A caixa do instrumento é adequada e tem uma ligação eléctrica à terra apropriada. O ensaio de aceleração livre é efectuado com um veículo e os pormenores da impressão são verificados.

A figura 5.1 mostra o analisador de gases e o analisador de fumos.

Figura 5.3 Analisador de gases e fumos

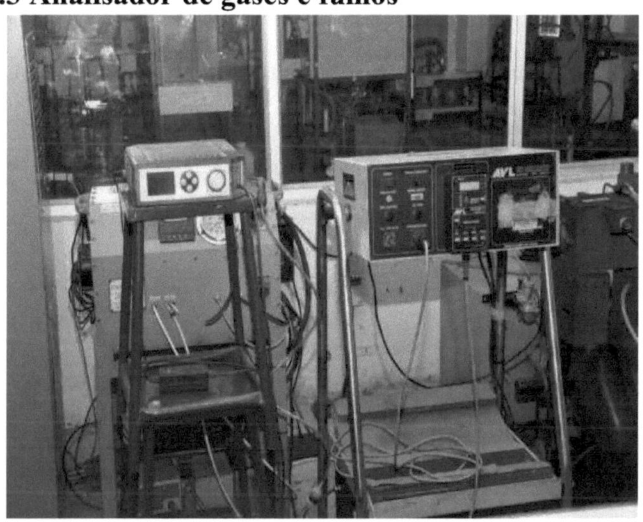

Quadro 5.3 Especificações do medidor de fumo AVL

Fazer	Medidor de fumos AVL 437
Tipo	IP 52
Exatidão e reprodutibilidade	1% de leitura da escala completa
Gama de medição	0 a 100 opacidade em % 0 a 99,99 absorção m^{-1}
Câmara de medição	Comprimento efetivo 0,430 m a 0,005m
Tempo de aquecimento	220 V aproximadamente 20 min.
Fonte de luz	Lâmpada de halogéneo 12 V/5W
Temperatura máxima dos fumos	250 C^0
Alimentação eléctrica	190-240 V AC 50Hz, 2,5 A
Dimensões	570mm x 500m x 1250mm

SISTEMA DE AQUISIÇÃO DE DADOS

Um sistema de aquisição de dados é um dispositivo concebido para medir vários parâmetros. O objetivo do sistema de aquisição de dados é geralmente a análise dos dados e a melhoria da precisão das medições. O sistema de aquisição de dados é normalmente baseado em eletrónica e é composto por hardware e software. A parte do hardware é composta por sensores, condicionadores de sinal, placa de aquisição de dados e computador. Além disso, o sistema de aquisição de dados aproveitou o desempenho cada vez maior dos computadores pessoais. No teste, medição e controlo, o sistema experimenta um aumento de até 10 vezes na eficiência a uma fração do custo, numa fração de tempo, do sistema de medição tradicional. Os parâmetros do motor de combustão interna que podem ser medidos são a velocidade, a carga, a temperatura e as vibrações. A apresentação gráfica no ecrã do computador pode ser feita utilizando qualquer software como o Visual Basic. Esta é uma tentativa de desenvolver um equipamento de teste computorizado para medições de velocidade, carga e temperatura.

O sistema completo é designado por sistema de aquisição de dados. Os parâmetros do motor de combustão interna, que podem ser medidos, são a velocidade, a carga, a temperatura, a pressão e as vibrações. Os componentes essenciais do sistema de aquisição de dados são os sensores, os condicionadores de sinal, a placa ADC e o computador. As formas de visualização no ecrã do computador podem ser feitas utilizando qualquer software como Visual Basic, C++, MATLAB ou

Lab view. Software fácil de integrar, como Visual Basic, C++, MATLAB ou Lab view. Com este sistema, os engenheiros podem utilizar a representação gráfica para satisfazer as suas necessidades específicas - muito diferente das medições convencionais e tradicionais. Além disso, o sistema de aquisição de dados aproveitou o desempenho cada vez maior dos computadores pessoais. Por exemplo, no teste, medição e controlo, os engenheiros estão a utilizar este sistema para experimentar um aumento de até 10 vezes na eficiência a uma fração do custo, numa fração de tempo, do tradicional.

Os componentes essenciais do sistema de aquisição de dados são os sensores, os condicionadores de sinal, a placa ADC e um monitor de computador para visualização dos resultados finais. Este sistema de aquisição de dados utiliza visual basic para efetuar as seguintes medições do motor de combustão interna.

- Medição da carga
- Medição da temperatura
- Medição da velocidade
- Medição da pressão

PROCEDIMENTO EXPERIMENTAL

Inicialmente, o motor foi deixado a funcionar com gasóleo a uma velocidade constante de 1500 rpm durante quase 10 minutos para atingir as condições estáveis à carga mais baixa possível. Durante as investigações, a temperatura do óleo lubrificante e a temperatura da água de arrefecimento do motor foram mantidas constantes para eliminar a sua influência nos resultados. A velocidade do motor foi estabilizada com combustível injetado para atingir a temperatura do óleo lubrificante a 65° C e a temperatura da água de arrefecimento a 60° C, tendo depois sido feitas duas vezes as seguintes observações para obter a concordância: O analisador de gases de escape e o medidor de fumos são ligados bastante cedo para que todos os seus sistemas se estabilizem antes do início da experiência e as seguintes observações foram documentadas.

- Medição de fumos com o medidor de fumos AVL
- Medição de CO, CO2, HC, O2, NOX utilizando um analisador de gases
- Temperatura dos gases de escape (^{0} C)
- Os parâmetros de combustão foram analisados utilizando um transdutor de pressão e um analisador de combustão AVL.

CAPÍTULO 6
RESULTADOS E DISCUSSÃO

Neste capítulo, a conceção do nano-silenciador revestido, o fluxo de temperatura e pressão são comparados com os dados de base e com as características de desempenho e de emissões do motor.

CONCEPÇÃO DO SILENCIADOR

O presente trabalho centra-se na conceção e no desenvolvimento de um novo silenciador com a ajuda do software SOLID WORKS e desenvolveu um silenciador personalizado, com a ajuda do software ANSYS o fluxo de pressão é analisado. O fabrico foi realizado com um compósito híbrido de cobre-crómio e nano-revestimento feito no silenciador juntamente com a placa de estrutura em favo de mel. A experiência é realizada num motor diesel monocilíndrico com um sistema de dados de alta velocidade equipado com um dinamómetro de correntes de Foucault. Trata-se de um silenciador personalizado com 48 cm de comprimento e 60 mm de diâmetro e efectuado com a amostra de ensaio, no Stunner 125cc. A figura 6.1 mostra o design do silenciador.

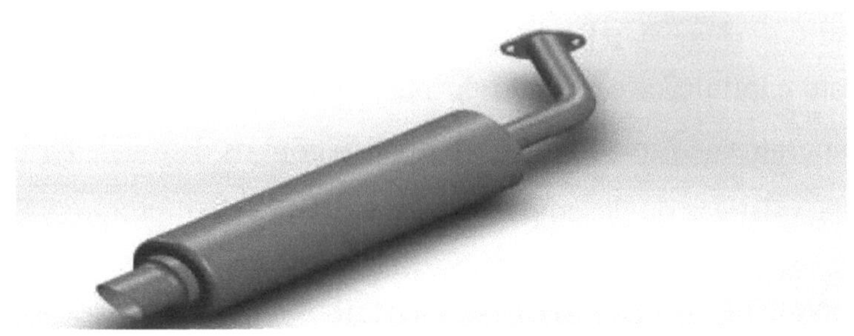

Figura 6.1 Conceção do silenciador personalizado

Conceção da placa da estrutura do favo de mel

O material de cobre é escolhido para fabricar a placa de estrutura em favo de mel com quatro placas em dois ângulos diferentes. Esta placa de cobre nano-revestida absorve os gases de escape e converte HC, CO, NOx em N2, H2O, CO2, o que permite obter melhores resultados na redução do nível de NOx. O material de cobre é escolhido devido ao seu bom condutor de calor e às suas melhores características. A figura 6.2 mostra a placa da estrutura em favo de mel e as suas posições angulares.

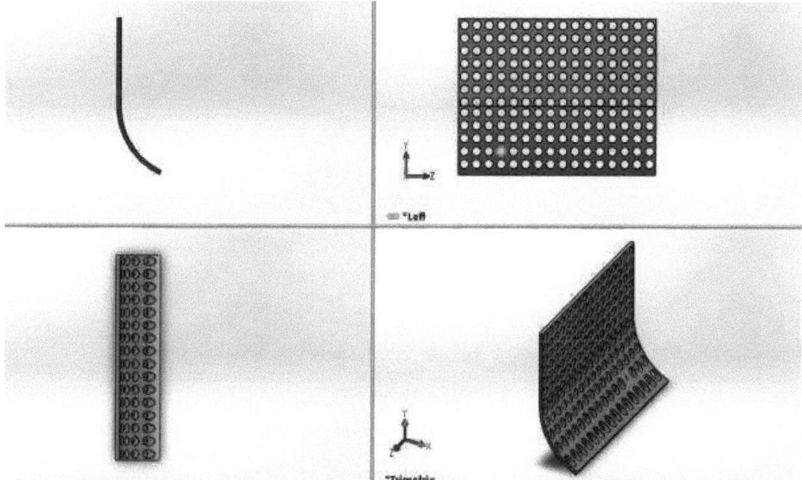

Figura 6.2 Conceção da placa estruturada em forma de favo de mel

Análise da distribuição de pressão e calor

A distribuição da pressão e do calor no silenciador é analisada com o software ANSYS13.0. A linha de fluxo da superfície também é analisada utilizando este software. A Figura 6.3 mostra a distribuição de pressão do silenciador.

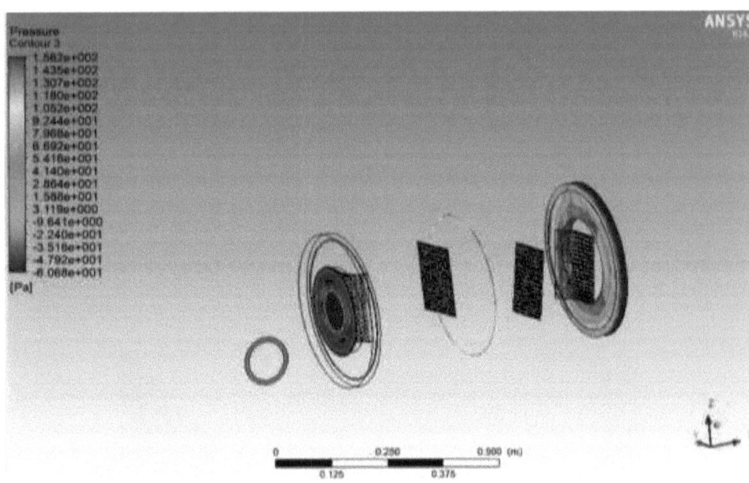

Figura 6.3 Distribuição da pressão do silenciador

A Figura 6.4 mostra a distribuição da temperatura do silenciador, que pode ser claramente analisada em relação ao suporte da temperatura utilizando as placas alveolares de cobre.

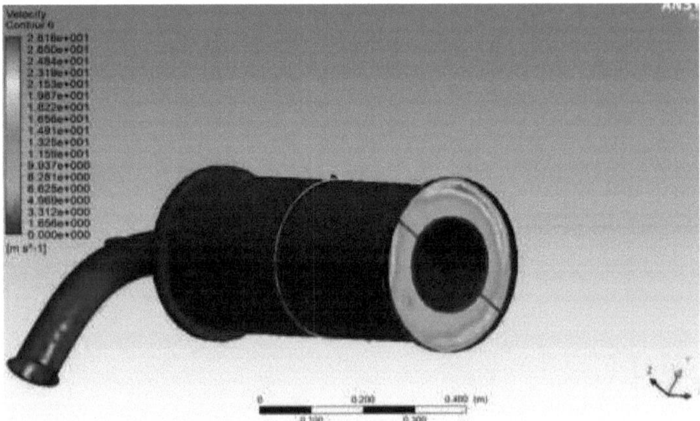

Figura 6.4 Distribuição da temperatura do silenciador

A Figura 6.5 mostra a linha de fluxo da superfície do silenciador,

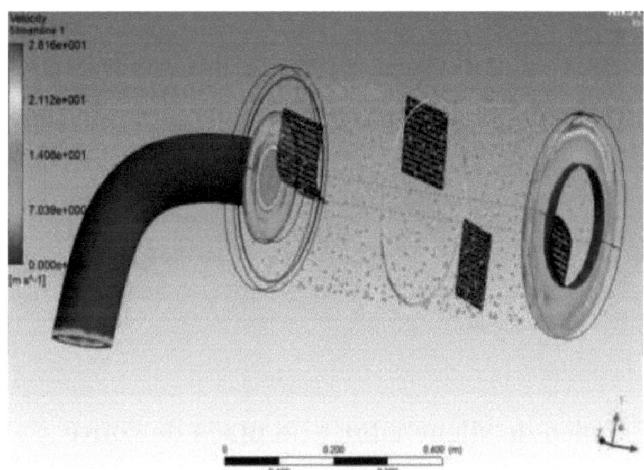

indicando a velocidade da linha de fluxo.

Figura 6.5 Linhas de fluxo das superfícies do silenciador

A Figura 6.6 mostra a velocidade e o gráfico de iteração do caudal mássico do silenciador nano revestido, que fornece um cálculo detalhado e a análise do caudal relativamente ao desempenho do cobre no silenciador que está a ser revestido.

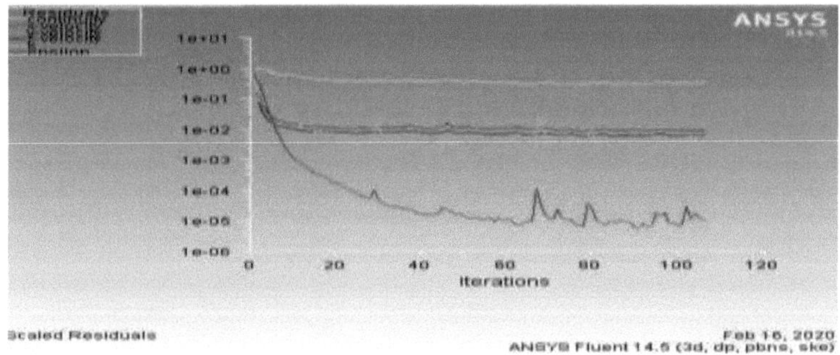

Figura 6.6 Gráfico da velocidade e do caudal mássico

A Figura 6.7 mostra o fabrico do silenciador personalizado, que foi cortado em duas metades iguais para revestir a placa estruturada de cobre em favo de mel, o que foi feito utilizando a soldadura a gás.

Figura 6.7 Fabrico do silenciador e da placa de cobre

A Figura 6.8 mostra a parte completamente projectada e fabricada do

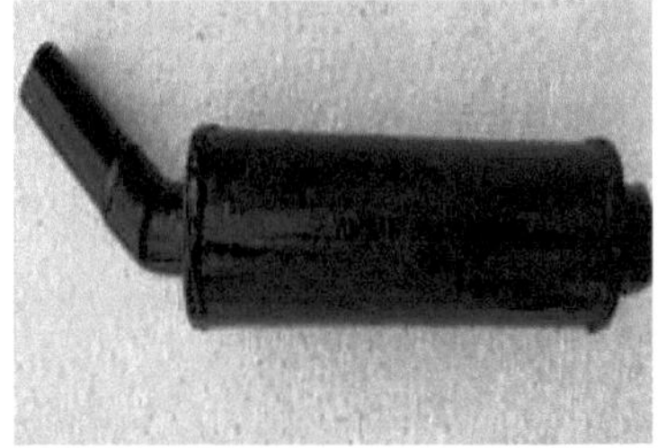

silenciador personalizado revestido a nano.

Figura 6.8 Silenciador revestido a nano

CARACTERÍSTICAS DE DESEMPENHO E DE EMISSÃO DO SILENCIADOR

Os gráficos e a figura seguintes mostram as características de desempenho e de emissão do silenciador nano-revestido, através das quais a leitura é calculada antes e depois do conversor catalítico. A Figura 6.9 mostra a leitura gráfica da reação catalítica do monóxido de carbono antes e depois da carga. Comparando com os dados da linha de base, o desempenho do silenciador de cobre nano revestido apresentou melhores resultados. A quantidade de monóxido de carbono diminuiu.

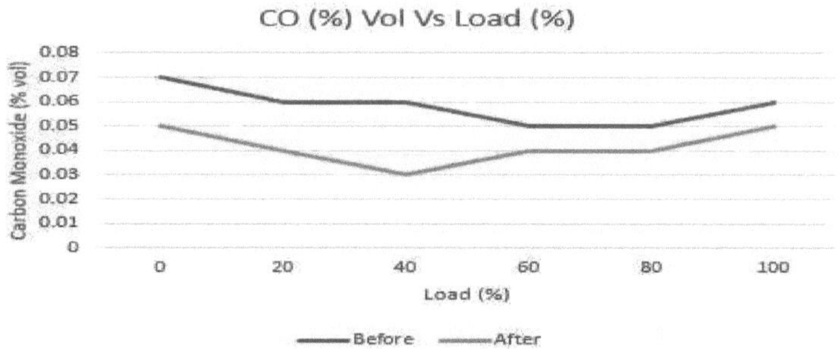

Figura 6.9 Monóxido de carbono versus carga

A Figura 6.10 mostra a leitura gráfica antes e depois da reação catalítica do dióxido de carbono versus carga. Comparando com os dados da linha de base, o desempenho do silencioso de cobre nanorrevestido deu melhores resultados. A quantidade de dióxido de carbono diminuiu.

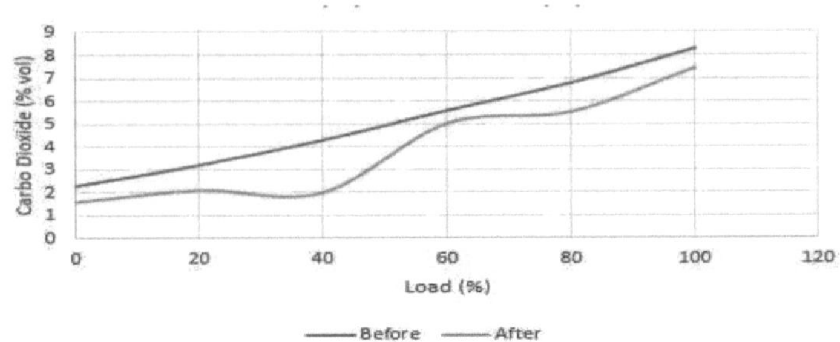

Figura 6.10 Dióxido de carbono versus carga

A Figura 6.11 mostra a leitura gráfica antes e depois da reação catalítica de hidrocarbonetos versus carga. Comparando com os dados da linha de base, o desempenho do silenciador de cobre nano revestido apresentou melhores resultados. A quantidade de hidrocarbonetos diminuiu.

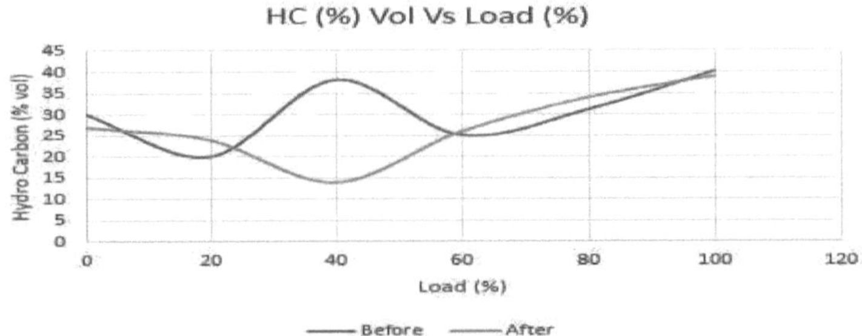

Figura 6.11 Hidrocarbonetos versus carga

A Figura 6.12 mostra a leitura gráfica antes e depois da reação catalítica dos óxidos de azoto em função da carga. Comparando com os dados da linha de base, o desempenho do silencioso de cobre nano-revestido deu melhores resultados. A quantidade de óxidos de azoto diminuiu.

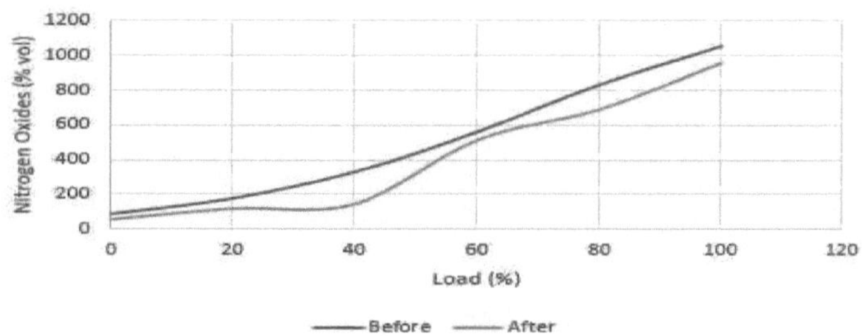

Figura 6.12 Óxidos de azoto versus carga

A Figura 6.13 mostra a leitura gráfica antes e depois da reação catalítica dos óxidos de azoto em função da carga. Comparando com os dados da linha de base, o desempenho do silenciador de cobre nano revestido apresentou melhores resultados. A quantidade de nível de oxigénio aumenta.

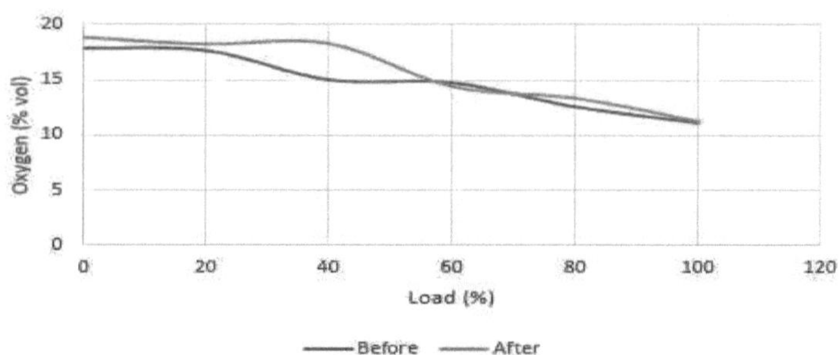

Figura 6.13 Oxigénio versus carga

A Figura 6.14 mostra a leitura gráfica antes e depois da reação catalítica dos fumos em função da carga. . Comparando com os dados da linha de base, o desempenho do silencioso de cobre nano revestido apresentou melhores resultados. A quantidade de fumo diminuiu.

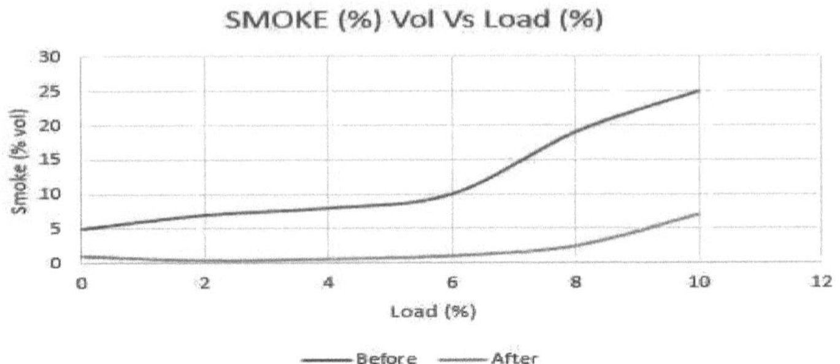

Figura 6.14 Óxidos de fumo versus carga

CAPÍTULO 7 CONCLUSÃO

Após a realização das experiências, foram tiradas as seguintes conclusões.

- Verificou-se que o nano-revestimento do silenciador daria melhores resultados na parte das emissões do que os silenciadores existentes.
- Foi determinado que o silenciador poderia ser revestido com cobre, o metal que é excelente transmissor de calor e bom condutor de calor.
- Confirmou-se que, após o ensaio do silenciador nano revestido, a quantidade de NOx, CO2, CO, HC e fumo foi reduzida em comparação com os dados de base, com uma diferença de quase 10%.
- O método aqui utilizado não é tóxico, está normalmente disponível e tem um custo nominal.

O desempenho, a combustão e as características de emissão do silenciador revestido com nanocamadas são investigados num motor diesel DI monocilíndrico de velocidade constante e as conclusões são resumidas da seguinte forma

- Melhoria significativa e melhor resultado em comparação com os dados da linha de base das cargas aplicadas.
- A emissão de NOx foi drasticamente reduzida em cerca de 10%.
- Entre os silenciadores existentes, o nano-revestimento do silenciador permite melhorar significativamente o desempenho e as

características de emissão do motor.

No conjunto, o desempenho, a combustão e as características de emissão do nano silenciador revestido para controlo de emissões em motores diesel são melhorados sem qualquer modificação do motor.

REFERÊNCIAS

1. Branislav Sarkan, Ondrej Stopk, Jozef Gnap e Jacek Caban 2017, "Design of an exhaust manifold to improve transient performance of high-speed turbocharged diesel engine", International Journal of Automobile Engineering, vol. 17, pp. 863-875.
2. Galindo, J.M. Luj_an, J.R. Serrano, V.Dolz e S. Guilain 2017, "Experimental investigation of various exhaust manifold designs and comparison of engine performance parameters for these to determine optimal exhaust manifold design for various applications", International Journal of Automobile Engineering, vol. 10, pp. 335-347.
3. Hidenori Kosaka e D.W.Herrin 2018, "Combustion and emission characteristics of DI diesel engine fuelled by ethanol injected into the exhaust manifold", Fuel
Tecnologia de Processamento, vol.7, pp. 33-50.
4. Huiying Luo, Marina Astitha, Christian Hogrefe, Rohit Mathur e S. Trivikrama Rao 2019, "A reciprocal identity method for large silencer analysis", Journal of
Engineering and Development", vol. 17, pp.129-134.
5. Marina Astitha, Gianmaria Martini, Davide Scotti e Giovanni Zambon 2019 "A new method for assessing the efficacy of emission control strategies", Journal of Engineering and Development, vol.19,pp.233-243.
6. Mehta Nirav e Sachindra Doshi 2017, "Experimental Investigation on Innovative Modification of Aqua Silencer", Journal of Engineering and Development, vol. 12, pp.1209-1214 .

7. Mohammad Nour, Hidenori Kosaka, Mahmoud Bady, Susumu Sato e Ali K. Abdel-Rahman 2018, "Investigation of exhaust emissions from a stationary diesel engine fuelled with biodiesel", Energy Procedia, vol.13, pp.791-797.

8. Mohammed Amin Salehnejada, Arash Mohammadi, Mahdi Reyzaei e Heydar Ahangari 2019, "Performance and exhaust of a diesel engine using diesel Nano emulsions as alternative fuels", Journal of Engineering and Development, vol. 28 ,pp. 197-204.

9. Nakoryakov, G.I. Pavlov e E.A.Sukovaya 2018, "CFD analysis of catalytic converter to reduce particulate matter and achieve limited back pressure in diesel engine", Global Journal of Researches in Engineering, vol. 10, pp. 728-739.

10. Noor El-Din, Marwa R, Mishrif e M.S. Gad 2019, "CFD analysis and experimental verification of effect of manifold geometry on volumetric efficiency and backpressure for multi-cylinder SI engine", International Journal of Automotive Engineering, vol. 12, pp. 119- 126.

11. Nour, H.Kosaka, M.Bady e Ali.K Abdel Rehman 2017, "Effects of intake manifold water injection on combustion and emissions of diesel engine", Energy Procedia, vol.13, pp.777-781.

12. Ondrej Stopka, Lucio G. Costa , Toby B , Jacki Coburn e Khoi Dao 2018, "Investigação das emissões de escape de veículos com o motor de ignição comandada com controlo de emissões", Procedia Engineering,vol.18,pp. 775 - 782.

13. Passaseo, M. Mello , M. De Vittorio , A. Passaseo , M. Lomascolo e A. de Risi (2018), "Sistema ótico para deteção de gases CO e NO no

coletor de escape de motores de combustão", Energy Conversion and Management ,vol. 48,pp. 2911-2917.

14. Paul Williams, Ray Kirbyb, James Hilla, Mats Abomc e Colin Maleckia 2018, "Effects of air intake pressure to the fuel economy and exhaust emissions on a small SI engine", The Malaysian International Tribology Conference, vol. 17, pp. 278-284.

15. Poola, Pavlos Dimitriou e Taku Tsujimura 2015, "Reduction of NO and particulate emissions by using oxygen-enriched combustion air in a locomotive diesel engine", Society of Automotive Engineers vol.86, pp.12-33.

16. Ray Kirby, Angelo Antoci, Marcello Galeotti e Serena Sordi 2018, "Reduzir o ruído tonal de baixa frequência em grandes dimensões utilizando um silenciador híbrido reativo-dissipativo", Procedia Engineering, vol.12, pp. 60-69.

17. Resitoglu, Hamidreza, D. Pal e G. Beig (2015), "The pollutant emissions from diesel-engine vehicles and exhaust after treatment systems", Clean Technologies and Environmental Policy, Vol.17, pp.15-27.

18. Serrano, F.J. Jiménez-Espadafor, A. Lora, L. Modesto-López e Gañán-Calvo 2018, "Método discreto para a conceção de colectores de distribuição de caudal", Faculdade de Ciências e Tecnologia, Universidade de Athabasca, vol. 89, pp. 927-945.

19. Xiaokong, Fujun Zhang, Kai Han, Zhenxia Zhu e Yangyang Liu 2017, "Desenvolvimento de silenciador para motores de combustão interna de baixa potência", Procedia Engineering, vol.17, pp. 6090-

6095.

20. Yongdong Cui, Zhenbo Lu e Marco Debiasi 2017, "Active membrane-based silencer and its acoustic characteristics", Journal of Engineering and Development, vol. 11, pp.39-48.

21. Yusria, Rizalman Mamat, M.K. Akasyah, M.F. Jamlos e A.F. Yusop 2018, "Effect of water injection into exhaust manifold on diesel engine combustion and emissions", Research Support Center Technology and Innovation for a Sustainable Agriculture, vol. 14, pp. 178-187.

22. Zhao cheng Yuan, Sen Qiu, Ruo Xun e Jie Liu 2019, "Efeito do coletor de escape com diferentes estruturas na distribuição da ordem do som no sistema de escape de um motor de quatro cilindros", Research Journal of Applied Sciences Engineering and Technology, vol. 16, pp. 176- 183.

23. ZhenboLu, Xubiao He e Yi Liu 2016, "Active membrane-based silencer and its acoustic characteristics", Applied Acoustics Vol.111, pp.39-48.

Printed by Books on Demand GmbH, Norderstedt / Germany